渤海

于潇湉 / 主编　于潇湉 王桃桃 / 著
哐当哐当工作室 / 绘

中信出版集团 | 北京

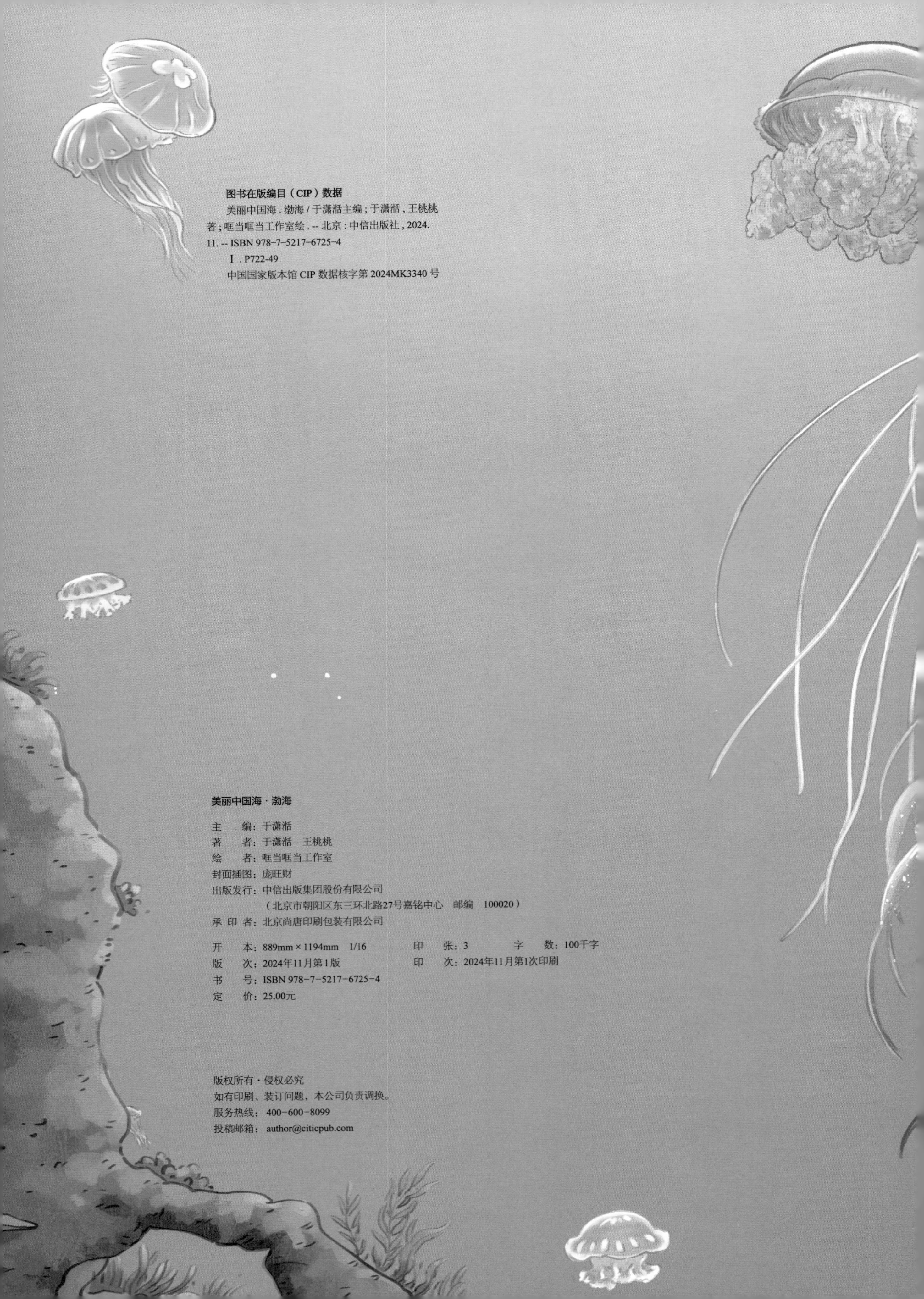

图书在版编目（CIP）数据

美丽中国海．渤海 / 于潇湉主编；于潇湉，王桃桃著；哐当哐当工作室绘．-- 北京：中信出版社，2024.11. -- ISBN 978-7-5217-6725-4

Ⅰ．P722-49

中国国家版本馆 CIP 数据核字第 2024MK3340 号

美丽中国海 · 渤海

主　　编：于潇湉
著　　者：于潇湉　王桃桃
绘　　者：哐当哐当工作室
封面插图：庞旺财
出版发行：中信出版集团股份有限公司
（北京市朝阳区东三环北路27号嘉铭中心　邮编　100020）
承 印 者：北京尚唐印刷包装有限公司

开　　本：889mm × 1194mm　1/16　　印　　张：3　　字　　数：100千字
版　　次：2024年11月第1版　　印　　次：2024年11月第1次印刷
书　　号：ISBN 978-7-5217-6725-4
定　　价：25.00元

咱海斗一号，可是身长3.8米的大块头，是能潜至万米深海，配有灵活机械臂，可识别深海目标，可实现夜间成像，由中国自主研发的，全海深自主遥控水下机器人！
海洋中深度超过6 000米的区域被称为海斗深渊，我的日常工作就是在世界各地的海斗深渊穿梭和探秘，我也因此得名“海斗一号”。不过，这次的任务不同以往，那就是带你游遍中国唯一的内陆海——渤海！听说渤海有绝美红海滩、古老的海草房、缤纷多彩的海洋生物、沉睡了千年的古船……说到这里，我已经迫不及待想启动引擎了。你还愣着干吗？跟我一起出发啦！
海斗一号

和渤海握个手

渤海在中国四大海里最浅、面积最小，也是中国唯一的内陆海。渤海三面环陆，安卧在山东半岛和辽东半岛形成的天然避风港中，就像被妈妈的双臂环抱着，特别有安全感。

盐度

受降水和入海河流的影响，渤海盐度比其他海域要低。不过，降水量和河流流量也会因季节而发生变化，因此渤海的表层盐度也会随之变化：冬季较高，夏季较低。

温度

渤海地区具有显著的大陆性气候特征：夏季炎热，最高气温达 36.8℃；冬季寒冷，最低气温达 -21.6℃，气温差可达 50~60℃。

不过，渤海的水温变化就没这么大了。最高水温达 30℃，而最低水温只有 -1.86℃。

海浪

渤海的海浪以风生浪
主，也就是说，这里的大浪
要是靠大风刮起来的，寒
热带气旋都可能引起大浪，
此渤海的海浪有明显的季节
特点。

在台风的影响下，渤海
会出现风暴潮！

渤海中岛屿众多，它们有的蕴藏着丰富矿藏，有的生活着多种多样的生物，还有的保留了特殊地貌，是科学家眼中的一个个科研宝地……整个渤海大致可以分为五个部分：辽东湾、渤海湾、莱州湾、中央盆地和渤海海峡。

水色

海洋中的水呈现的颜色就是水色，渤海的水色变化十分显著。冬季，渤海水色在12~18 号；夏季，渤海最低水色在 10 号左右。

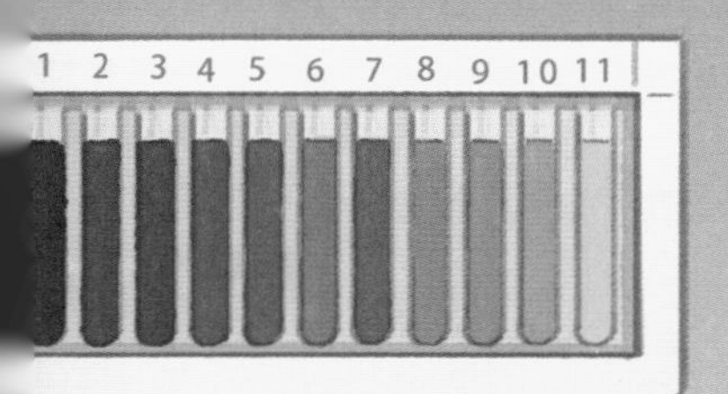

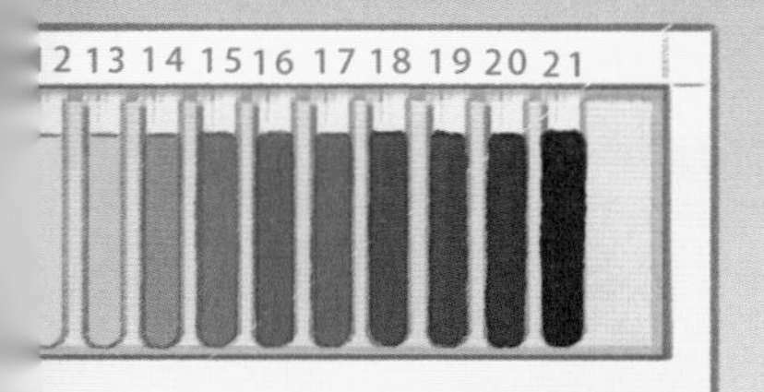

入海河流

注入渤海的主要河流有黄河、海河、辽河和滦河。黄河是我国第二长河，也是世界上含沙量最大的河流，它流经九个省区，最终在山东省东营市注入渤海。

海冰奇观

一到冬季，渤海就会结冰，这里会变成一望无际的白色世界。一般来说，海水含盐量高，冰点低，加上海洋内部的热交换，是不容易结冰的。但渤海是一个半封闭式的内陆海，海水流动性差，而且多条河流汇入渤海冲淡了盐度，因而易结冰。

不可思议，海边城

渤海湾海岸线形状就像一个大葫芦。这个“葫芦”边上，点缀着哪些城市呢？

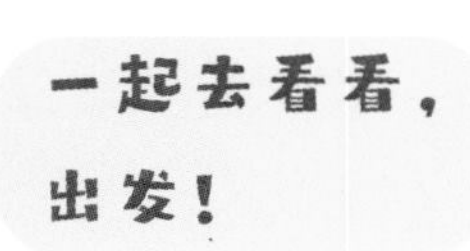

辽宁省营口市——“白色巨人”林立

营口仙人岛上矗立着 47 座风力发电机，这“白色巨人”共同组成了辽宁省规模最大的风力电站。

辽宁省盘锦市——绝美红海滩

这里的双台河口国家级自然保护区里有一片红色的海滩。不过，这里的海滩不是由红色沙子构成的，而是因为长满了红色的植物——碱蓬草。

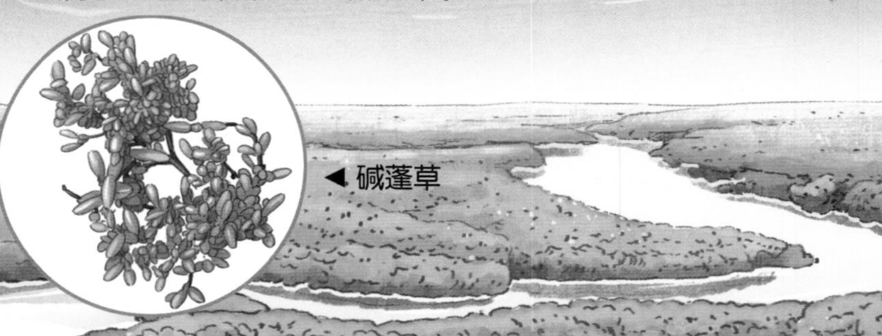

◀ 碱蓬草

以下是营口、烟台、葫芦岛三个城市的特色美食，你能猜出它们分别来自哪个城市吗？

▶ 海蟹

蟹肉洁白，肉质细嫩，脂膏肥满——形容的就是这个地区所产的各种螃蟹，如豆形拳蟹、梭子蟹、中华虎头蟹等。

▶ 玻璃牛

这种海螺又叫托氏昌螺，肉可以吃，贝壳可作装饰。民间还称其为海钱，可能在古代曾经做过货币吧。

山东省烟台市—— 神龙分海

如果把山东的田横山和辽宁的老铁山连成一线，这条线就是黄、渤海的分界线！在神龙分海这个地标中，两条龙分别象征着黄海、渤海，而它们叼着的珠子象征着黄渤海分界点。

辽宁省葫芦岛市—— 独一无二九门口

九门口是明长城的重要关隘，城桥下有九个泄水“城门”，能让河水直入渤海，因此被誉为“水上长城”。

▶ 海参

海参是名贵的海产，也是典型的高蛋白、低脂肪食物，肉质软嫩，营养丰富。《本草纲目拾遗》中记载，海参的滋补功效很强，可与人参匹敌，所以才叫海参。

答案：
海蟹：葫芦岛
玻璃牛：营口
海参：烟台

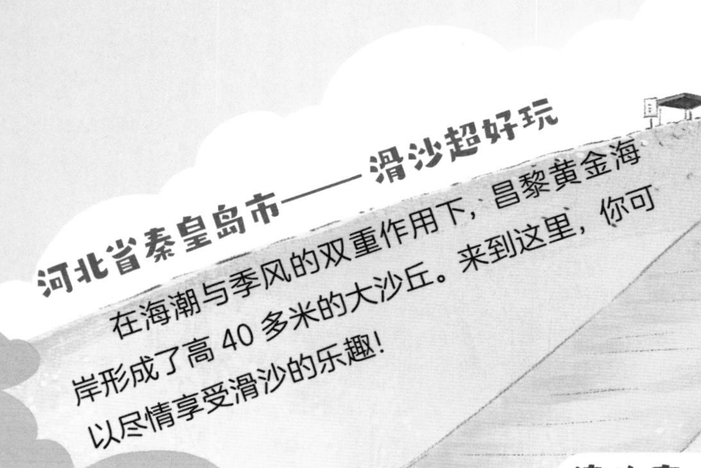

河北省秦皇岛市——滑沙超好玩

在海潮与季风的双重作用下，昌黎黄金海岸形成了高 40 多米的大沙丘。来到这里，你可以尽情享受滑沙的乐趣！

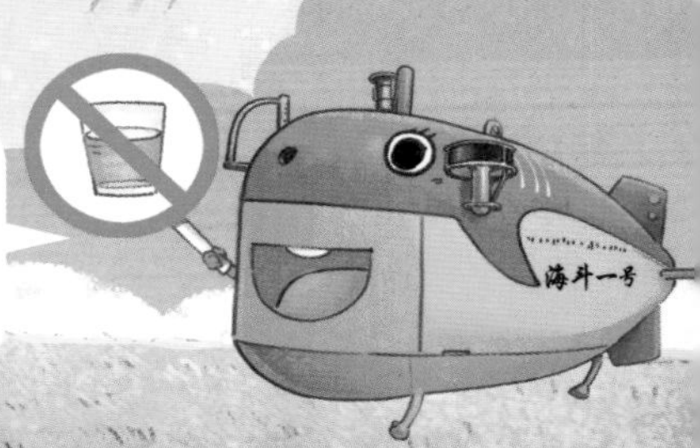

请注意，海水不能直接饮用，否则会造成人体脱水！

河北省唐山市——尝一口渤海之水

唐山市曹妃甸湿地风景区的海水清洁，达到了国家标准，因此这里开拓了“海水淡化”项目。如此一来，周边地区的人们拧开水龙头，就能使用淡化后的渤海之水啦！

山东省滨州市——这里的贝壳数不清

闻名世界的滨州贝壳堤岛是由天然贝壳组成的长堤，贝壳层厚度有 3 ~ 5 米。由于海水的潮汐作用，这里会堆积越来越多的贝壳。

以下是秦皇岛、唐山、天津、东营四个城市的特色美食，你能猜出它们分别来自哪个城市吗？

▶ 干炸海蚯蚓

什么，蚯蚓都能吃？不是啦！“海蚯蚓”其实是沙虫，蛋白质含量很高，可与海参相媲美。在热油里炸一炸，金黄酥脆，香气四溢！

▶ 凉拌雪虾

雪虾通体雪白，味道鲜美。可与小葱拌在一起，好看又好吃。

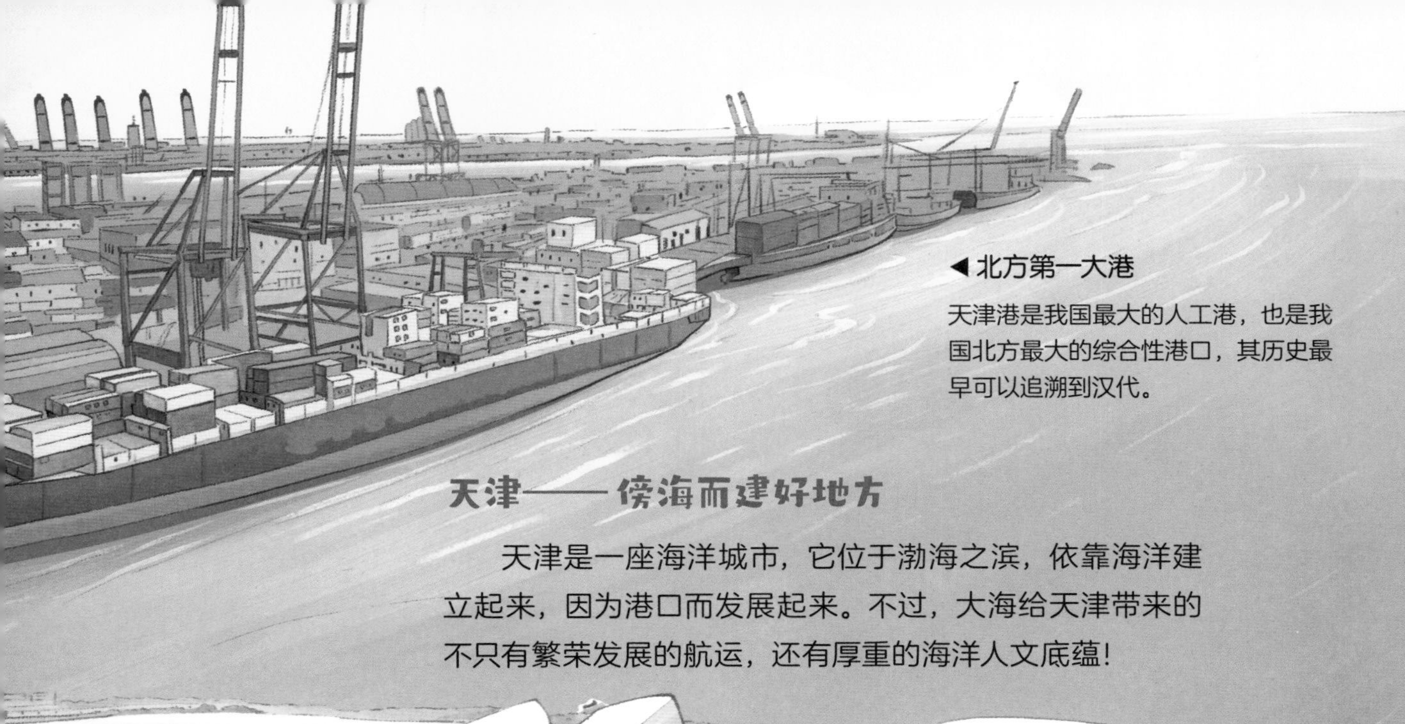

◀ 北方第一大港

天津港是我国最大的人工港，也是我国北方最大的综合性港口，其历史最早可以追溯到汉代。

天津——傍海而建好地方

天津是一座海洋城市，它位于渤海之滨，依靠海洋建立起来，因为港口而发展起来。不过，大海给天津带来的不只有繁荣发展的航运，还有厚重的海洋人文底蕴！

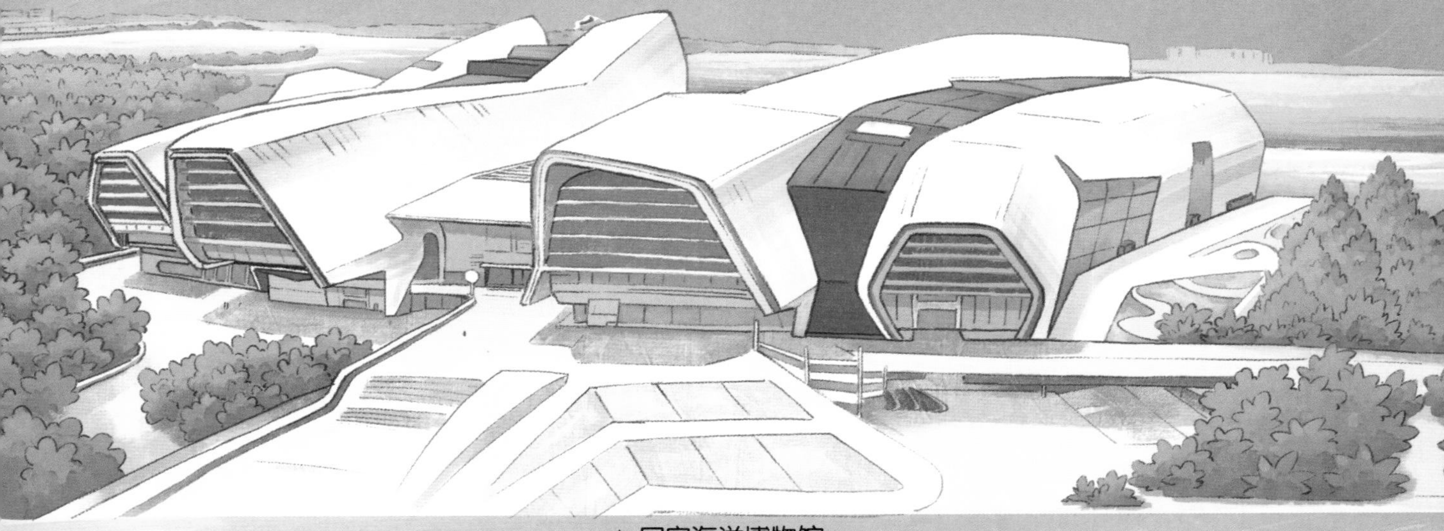

▲ 国家海洋博物馆

这是我国首座国家级海洋博物馆，坐落于天津，有着“海上故宫”之称。对海洋知识有着浓厚兴趣的你，可千万别错过哟！

山东省东营市——“黄蓝交汇”现奇观

当黄河奔涌入海，浑浊的河水“撞”上碧蓝的海水，就会出现惊艳的黄蓝交汇奇观！

八珍豆腐

是一道色香味俱全的色名菜，一般由豆腐其他 8 种珍贵食材做，包括刺参、鲍鱼、贝等海产品。

► 清蒸对虾

“东方对虾故乡”出产的对虾，个儿大肉鲜，成虾体长约 20 厘米，比你的巴掌还大呢！清蒸一下就很好吃！

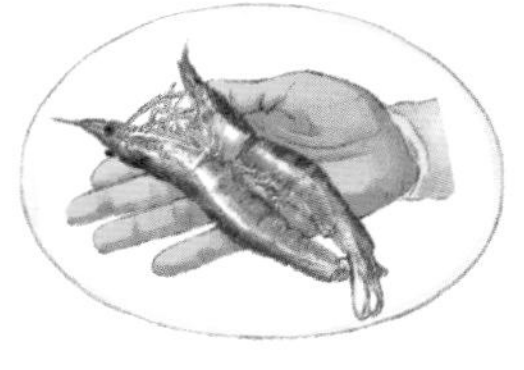

答案：
干炸海蛎蚓：唐山
凉拌蜇虾：秦皇岛
八珍豆腐：天津
清蒸对虾：东营

与众不同的海岛

渤海，不仅被众多美丽的城市环绕，还孕育了无数瑰丽的海岛。长岛、东楮岛，还有许许多多的无人岛共同绘就了渤海壮丽的海岛画卷。

▼ 海草房里住一宿

拿海草和麦秸做房顶，再蒙上渔网，既可抵挡风雨，又防潮防腐。

东楮岛

东楮岛位于山东省荣成市，是典型的胶东渔村，有“中国传统古村落”之称，因岛上种满楮树而得此名。这里还保留着已有三百年历史的古老海草房！

长岛

山东省烟台市的长岛，由庙岛群岛组成，拥有 32 个岛屿。岛上不仅有发达的渔业、养殖业，还建有自然保护区！长岛上“住着”一位海神娘娘——妈祖，她可是渔民们的精神支柱！

▼ 妈祖文化节

农历三月二十三，长岛上的岛民会举办大型庆典，为妈祖庆祝诞辰。

▼ 庙岛群岛省级海豹保护区

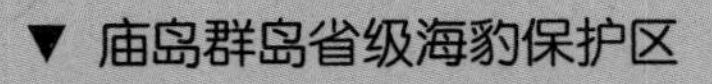

庙岛群岛是国家一级保护动物斑海豹的“度假胜地”！每年 3—5 月，成群结队的斑海豹就会纷纷迁徙而来，在这里晒晒太阳，吃吃海鲜。

渤海中分布着几百座岛屿，但好多都是无人岛。下面你看到的这些民俗风情，往往会出现在多个岛屿，甚至整片渤海海域！

◀ 海的味道，渔民知道

海鲜水饺、海味包子、风味鱼面等都是渤海渔民餐桌上的“常客”！

▼ 亲手制作油衣油裤

① 渔民从布料店买来普通白布。

② 将白布做成宽松肥大的衣裤。

③ 把桐油均匀地搓在衣裤上。

④ 待桐油完全干透，就制成防水的油衣油裤了，穿上它就可以出海啦！

► 见“龙兵”，退退退

一些渔民视鲸为龙王爷的“卫兵”，如遇鲸类，船只必须避让，并敲锣打鼓，向海里倾倒大米、馒头，为“龙兵”们添粮草。

造船要有仪式感

在新船出海前或开工时，以及安装重要零件和下坞时，船主都会举办庆祝仪式。

给渔船起外号

俗话说“没有外号不发家”，看看工匠们都为新船起了哪些外号！

外号为“飞毛腿”的新船，往往船身轻盈，开得很快。

被叫作“大猪圈”的新船，往往是船身又大又宽，载重大，但跑不快。

探秘渤海海岸

海浪卷着沙砾，夜以继日地往返于陆地和海洋。终于有一天，岸边的沙砾累积成堆，形成了一大片海滩。环顾渤海，这里有着各具特色的海滩！

北方天然浴场

金石滩位于辽宁省大连市，这里沙质金黄、颗粒均匀，海岸洁净，曾被国家海洋局评为“健康”型海水浴场。金石滩的景色不止于此！这里更负盛名的是千奇百怪的海边巨石，有世界现存最完整的“天下第一奇石”——龟背石。

白色海滩美如画

白沙湾位于辽宁省营口市的仙人岛，其沙质洁白、细致、晶莹，人称“辽东第一滩”。海滩沿岸有着上千亩天然槐树林，白沙湾因此成了北方夏季著名的避暑胜地。

分一分海滩区块

海滩被人们划分成三个区块：近滨、前滨和后滨。近滨是靠近海的那一端；前滨夹在近滨和后滨之间，即介于平均低潮线和平均高潮线；后滨是靠近陆地的那一端，当遇到特大高潮时才会被淹没。

近　滨

▲平均低潮线

同样都处于渤海沿岸，为什么这些海滩会有这么大的不同？因为海浪的力量大小、海浪的涌来方向，以及海岸的地质构造，都可能会影响海滩的形态！

“金龙”盘踞海岸线

昌黎黄金海岸位于河北省秦皇岛市，这里沙细、滩软、水清、潮平。海岸的西侧绵延着数十千米的黄金沙丘，蜿蜒曲折，就像一条金光闪闪的“金龙”。

没有沙滩？“借”一个

天津的东疆湾拥有我国目前最大的人造沙滩景区，这里的沙子全是从福建省运来的。这是为什么呢？因为天津曾是黄河入海口，海岸边沉积了大量的泥沙，形成了淤泥质的滩涂，所以失去大自然帮助的天津只能靠“后天努力”——从其他省“借”沙子啦！

前滨 后滨

▲ 沿岸沙丘

▲ 平均高潮线

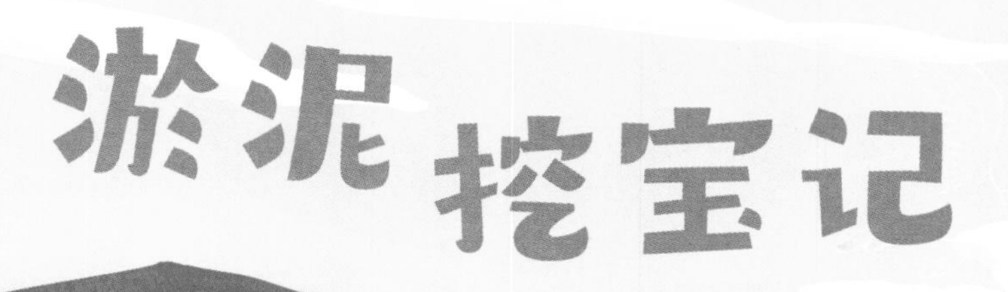

淤泥挖宝记

除了那些旅游景区的海岸，有时你刚踏上岸边，却发现踩了一鞋的淤泥。这就是渤海海域典型的粉砂淤泥质海岸。当河流携带大量泥沙汇入大海时，细颗粒的淤泥留在岸边，日积月累，就形成了广阔平坦的粉砂淤泥质海岸。

大潮退去，海岸一览无余。岸边淤泥中丰富的底栖动物资源，吸引大量鸟类前来觅食。

渤海的潮间带还会出现哪些生物呢？快往下看吧！

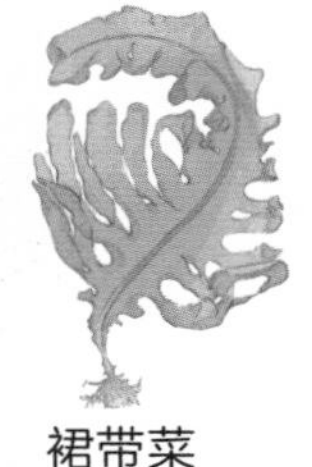
裙带菜

东方长眼虾

中国毛虾

纵条矶海葵

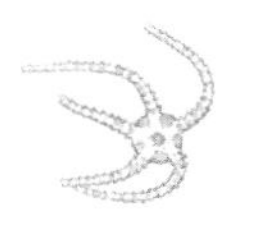
金氏真蛇尾

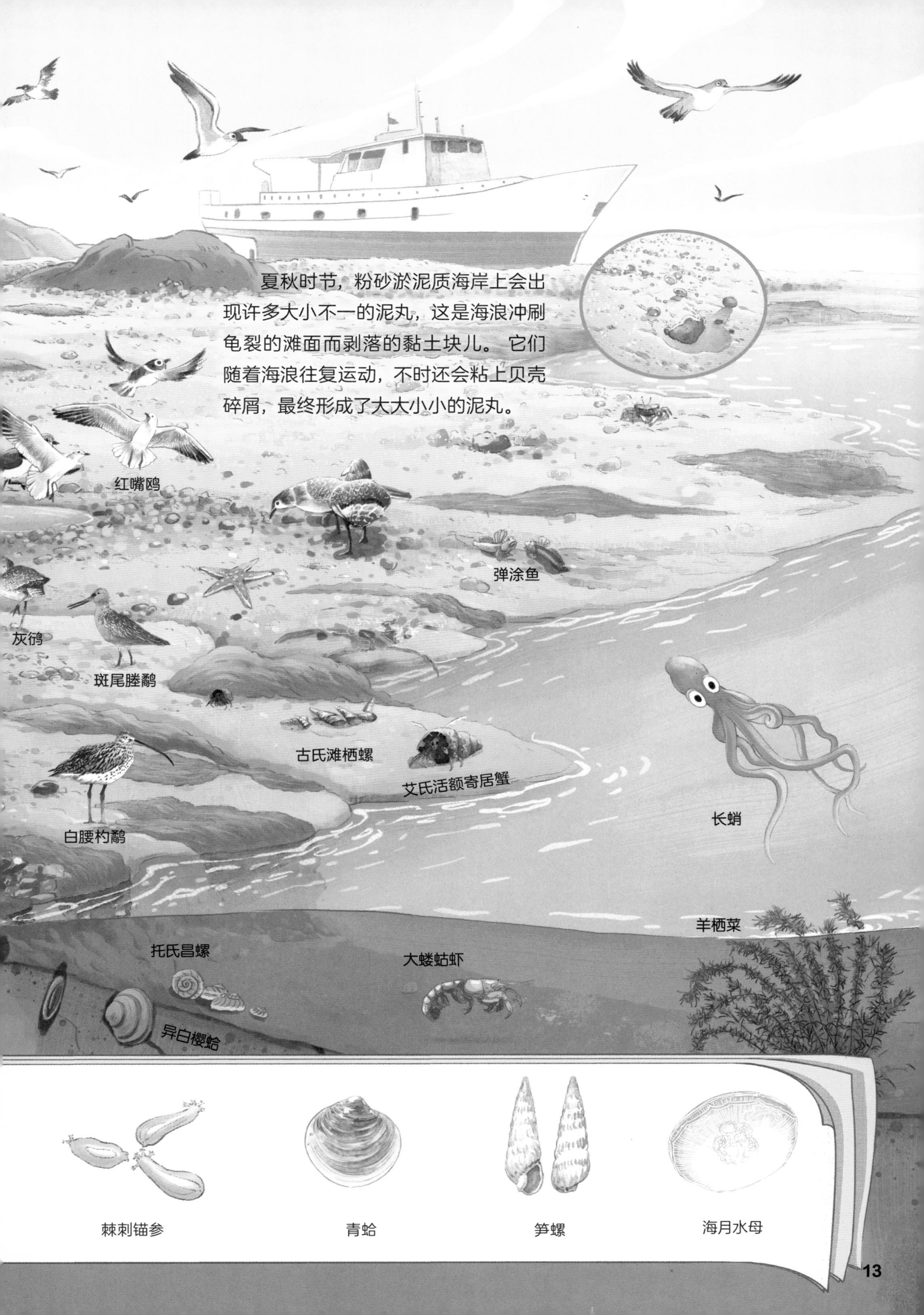
夏秋时节，粉砂淤泥质海岸上会出现许多大小不一的泥丸，这是海浪冲刷龟裂的滩面而剥落的黏土块儿。它们随着海浪往复运动，不时还会粘上贝壳碎屑，最终形成了大大小小的泥丸。
红嘴鸥
弹涂鱼
灰鸻
斑尾塍鹬
古氏滩栖螺
艾氏活额寄居蟹
长蛸
白腰杓鹬
羊栖菜
托氏昌螺
大蝼蛄虾
异白樱蛤
棘刺锚参
青蛤
笋螺
海月水母

保持向下，触摸海床

你有没有试想过，如果我们有能力把海水全部抽干，会看到怎样的景象呢？你会看到一片被称为“海床”的平坦地面，这里与陆上地形非常相似，有缓坡、平原等。

渤海的海床大部分很平坦，多为泥沙和软泥质，也有部分石砾和岩石，大致分为基岩质海床和非基岩质海床。大海中不同的底栖动物会选择适合它们生存的地方生活。

海床就像是在大海最底下的一块“大地毯”，那里有沙子、石头、贝壳，是一片充满了生机、奇迹和探险故事的海底世界。

基岩质海床

此类海床的构成物质主要是岩石，对于弱小的海底动物们来说，基岩质海床岩缝真是完美的避难所。

生活在基岩质海床的“居民们”，往往要依靠坚硬的岩石庇护，才能躲过重重危难，有的紧紧抱着石头不被水流冲走，有的则会建起珊瑚礁“大城堡”争夺阳光和空间。

锈凹螺

脉红螺

马氏刺蛇尾

多棘海盘车

非基岩质海床

相对于基岩质海床，非基岩质海床指的是由非岩石的沉积物（如砂、淤泥、黏土等）组成的海底。

渤海海床上的植物

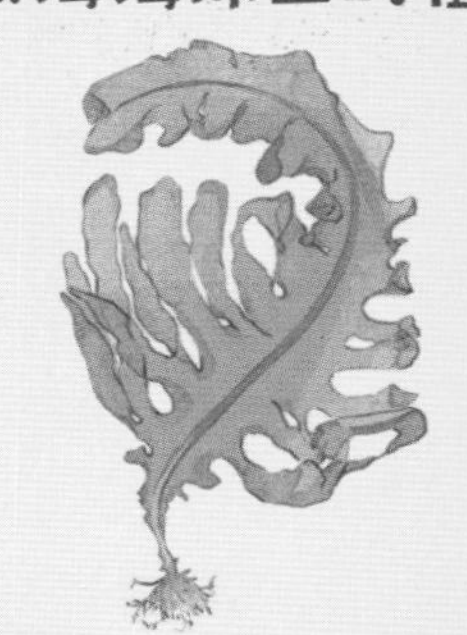

裙带菜

别看裙带菜是绿色的，它其实是一种褐藻。它营养丰富、有益健康，是餐桌上常见的美味，同时也是海洋食物链的基础。

石花菜

作为红藻家族一员，石花菜富含藻胆素，不仅色彩独特，还是琼脂的重要来源，深受大家喜爱。听说，它还是一味中药呢！

海蒿子

看！海蒿子叶子的形状千变万化。它属于褐藻，可做饲料、肥料。

生活在这里的动物需要用泥沙掩盖自己以躲避危险，与此同时，它们也可以在泥质的海底汲取养分。

双斑蟳

鲜明鼓虾

短文蛤

纵肋饰孔螺

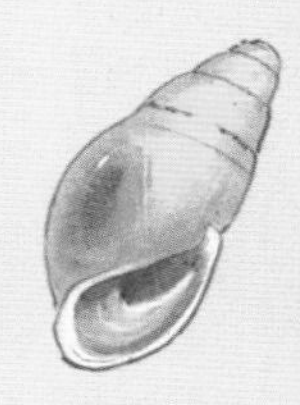

微角齿口螺

“海洋之肺”——海草床

海里还能看到大草原？大面积的海草被称为海草床，其生态价值就好比原始森林，因此有“海洋之肺”之称。我国温带海域面积最大的海草床就在渤海，让我们前往河北唐山海域去看看吧！

我走南闯北，发现我国海草床主要分布在黄海、渤海和南海海域。
海斗一号

海草是世界上唯一一类能完全生活在海水里的植物，除了极地外，大部分纬度的海域都有它的身影。植物最擅长的光合作用，在海底也能发挥作用，比如产生氧气。这片海草床里有鳗草、红纤维虾形草等，其中鳗草分布最广，几乎遍布渤海。

海草、海藻大不同

海草跟陆地植物很像，一般扎根在泥沙里，通过开花结果繁衍后代；海藻没有真正的根、茎、叶的分化现象，也从不开花结果，而是像蘑菇一样，通过孢子繁殖。

叶片：又细又长，站在一起就像一道道门帘，轻轻松松就把大浪化解成小浪。
▼ 海草
带片
▶ 海藻
固着器：能吸附在礁石、沉船或珊瑚上。
根状茎
柄
根：扎在海床里，风浪过来时，沙就不易飞跑了！周围的动物在沙中安家也就更安全了。

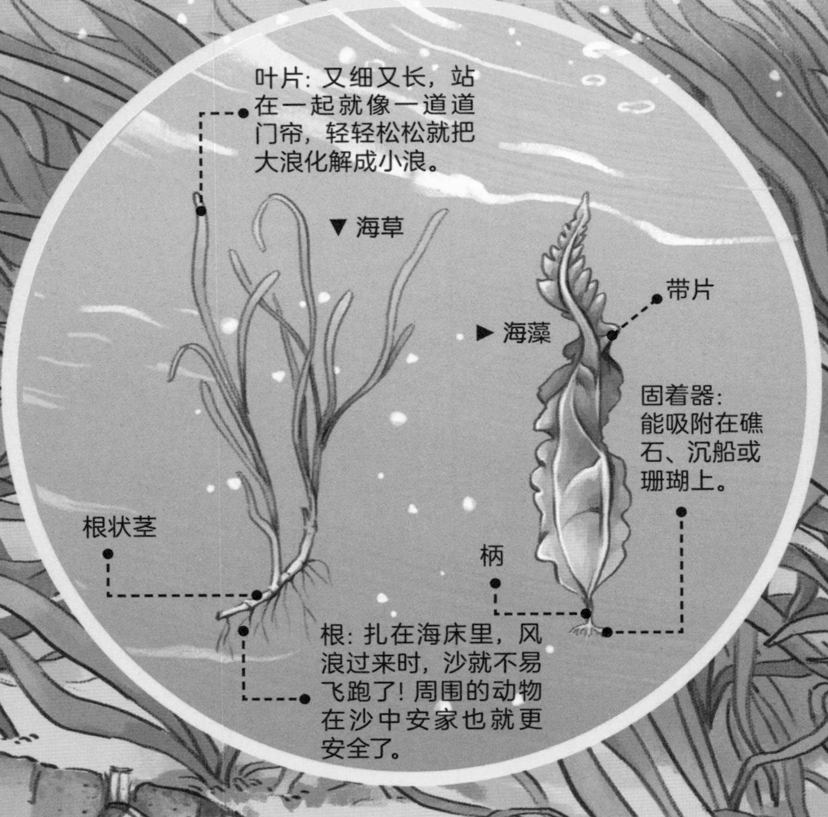

走近看看，原来海草床里藏着这么多动物哪!
找来找去，还是这里隐秘，氧气又足，我就把宝宝生在这儿吧。
海马
密密麻麻的海草让我很有安全感! 别说天敌了，就连妈妈来了都找不到我。
短蛸
脉红螺
青蛤
中国面积最大的海草床位于河北唐山附近海域，面积超过 50 平方千米，能同时容纳 2.4 亿条鱼、3 000 亿个无脊椎动物；每年能释放约 3 亿升氧气，够 15 个成年人呼吸 100 年!
我的家在南海，海草是我最爱的美食。听说渤海有一大片海草，真想去尝尝!
◀儒艮
既有鱼虾，又有海草，荤素搭配，营养均衡，这简直是我梦中的“豪华自助餐厅”!
▲海龟

潜入"聚宝盆"

渤海是一个近封闭型的海湾。它有 95% 的面积是深度不到 30 米的极浅海水域，最深处约 86 米，平均深度为 18 米。即使这样，渤海也拥有着丰富的生物资源，就像"聚宝盆"一样。

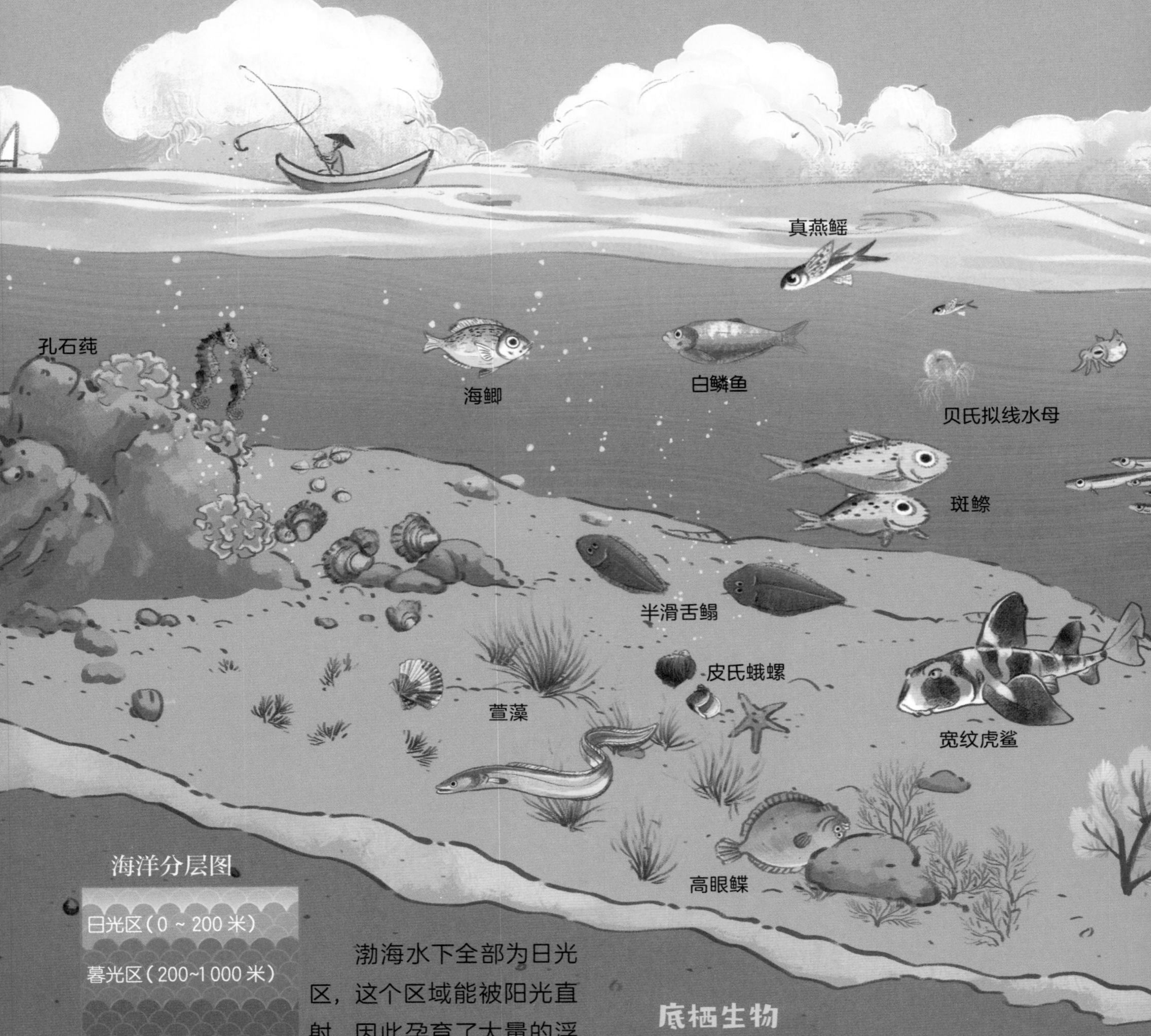

海洋分层图

日光区（0 ~ 200 米）
暮光区（200~1 000 米）
午夜区（1 000~4 000 米）
深渊带（4 000~6 000 米）
超深渊带（>6 000 米）

渤海水下全部为日光区，这个区域能被阳光直射，因此孕育了大量的浮游生物。浮游生物吸引了各种各样的海洋动物前来捕食，使这一区域拥有丰富的近海生物资源。

底栖生物

生活在海底的生物叫底栖生物，如扇贝、海螺。底栖动物适应潜底，或具有伸缩能力（如海葵的触手），或善于潜伏挖掘，或具有制造水流的构造（如蛤蜊通过进水管和出水管控制水流、维持生命）。

浮游生物
随着水流的运动而漂浮于水层中的生物群体叫作浮游生物，它们运动能力很弱，不能像鱼类那样自由地游动。浮游生物包括浮游植物、浮游动物（包括鱼卵和一些幼鱼）。
柔弱几内亚藻
塔形冠盖藻
游泳生物
游泳生物是指那些可以在水中靠自己活动，并自由选择行动路线的生物，如成年的鱼、虾、鱿鱼等。
青鳞小沙丁鱼
短鳍红娘鱼
路氏双髻鲨
马尾藻
海萝
大头鳕
翻车鲀

海中大熊猫——斑海豹

每年11月到次年5月，渤海辽东湾总会出现一派温馨祥和的景致——一群群满身斑点的斑海豹躺在礁石上晒太阳！

斑海豹的视力好着呢！即便是在400多米深的海中，它也能借助微弱的光看到运动的物体。

斑海豹唇部触须的触觉十分灵敏，能帮它追踪和识别水中的猎物。

前肢长得较短，但在游泳时能帮助控制平衡，改变运动方向。

听说，最近斑海豹洄游到了渤海，让我们一起去看看吧！

海斗一号

斑海豹是国家二级保护野生动物，也是唯一在中国繁殖的海豹，因此有着“海中大熊猫”之称。

渤海，我们回来啦

斑海豹平时生活在西北太平洋的高纬度寒冷水域，到了繁殖期，才会洄游到相对温暖的水域，如辽东湾和烟台长岛海域。

为了长肉不挑食

斑海豹厚厚的脂肪能储存大量能量，抵御严寒，因此，斑海豹对食物“来者不拒”！玉筋鱼、虾、蟹、乌贼……总之，斑海豹捕到什么就吃什么。

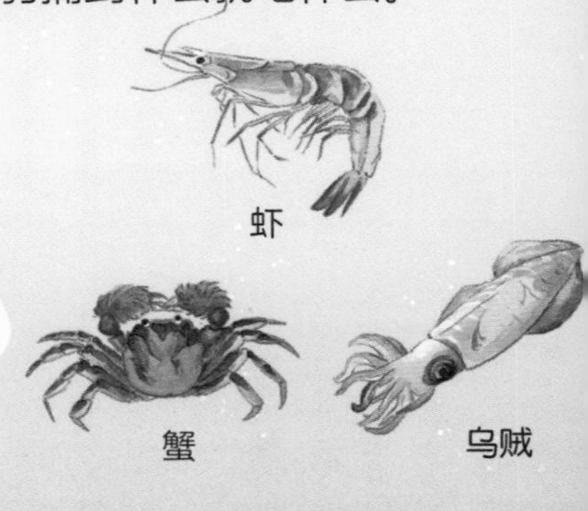

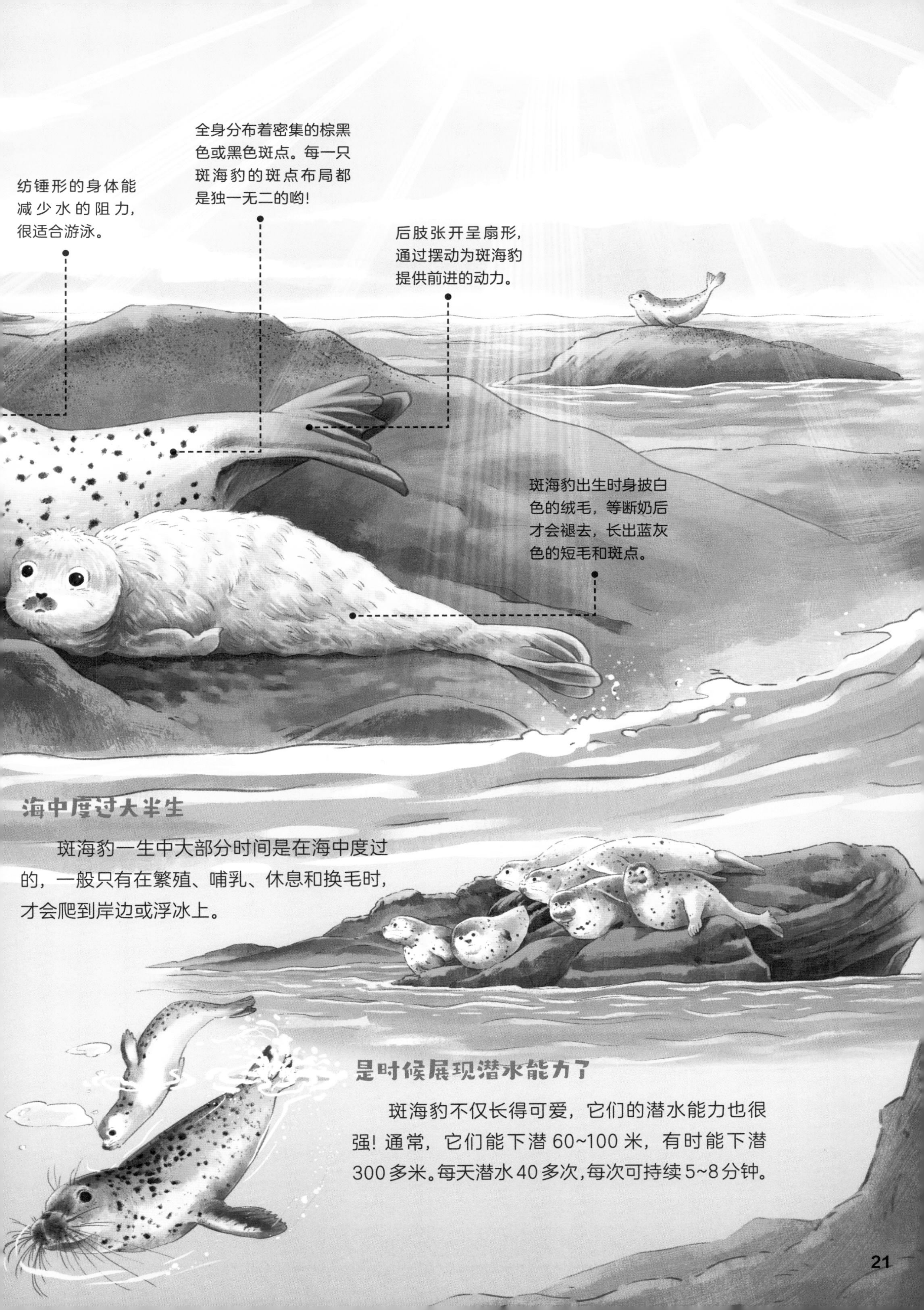

全身分布着密集的棕黑色或黑色斑点。每一只斑海豹的斑点布局都是独一无二的哟!
纺锤形的身体能减少水的阻力,很适合游泳。
后肢张开呈扇形,通过摆动为斑海豹提供前进的动力。
斑海豹出生时身披白色的绒毛,等断奶后才会褪去,长出蓝灰色的短毛和斑点。

海中度过大半生

斑海豹一生中大部分时间是在海中度过的,一般只有在繁殖、哺乳、休息和换毛时,才会爬到岸边或浮冰上。

是时候展现潜水能力了

斑海豹不仅长得可爱,它们的潜水能力也很强!通常,它们能下潜 60~100 米,有时能下潜 300 多米。每天潜水 40 多次,每次可持续 5~8 分钟。

微笑天使——东亚江豚

江猪、海猪、猪鱼……这些都是它们的别称，它们真实的名字叫东亚江豚，在渤海就可以见到它们的身影。不过，由于家族成员越来越少，目前已经被列为濒危物种。

当我下潜时，有时会遇到东亚江豚，出海捕捞的渔民有时也会跟它们偶遇！虽然看起来“面熟”，但大多数人并不了解东亚江豚。走，我们去好好认识一下它们！

头顶的气孔绝不能被堵住，因为东亚江豚用肺呼吸，偶尔要浮上水面换气！
额隆是东亚江豚跟同伴沟通、寻找食物、观察环境的重要部位。
眼睛不大，视力不算好，但比长江江豚要略好一些。
微微上翘的嘴角跟人类微笑的表情相似，因此才有了“微笑天使”的称号。
胸鳍较大，呈三角形，可以用来控制游泳的方向。

神奇的听力系统

东亚江豚要依靠回声定位，即通过额隆的脂肪来发射声波，下颌接收返回的声波以定位猎物、探测环境。

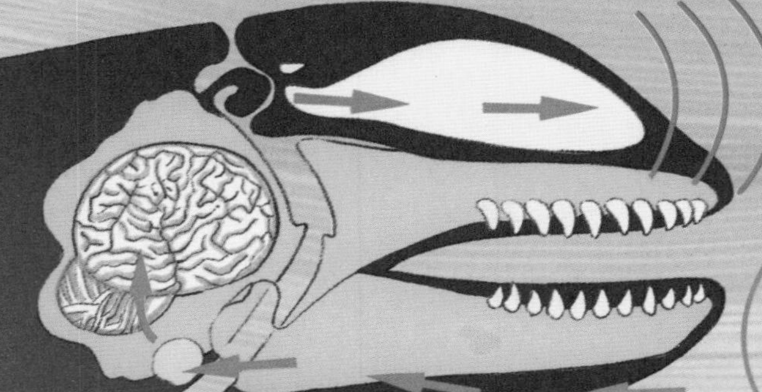

个头儿最小的鲸目动物

虽然跟鲸、海豚同属鲸目，但要跟鲸比体形，东亚江豚可太小巧了——较大的个体体长约为 2.27 米，体重也只有 72 千克。它们的外形跟海豚也不同，没有海豚那样尖尖的喙，也没有背鳍。

想不到吧？东亚江豚跟人类一样，也有肚脐眼！因为它也是哺乳动物，要依靠胎生来繁殖后代。

尾鳍可以上下摆动，为前进提供强劲动力。

教你辨别东亚江豚

乍一看，东亚江豚和长江江豚长得挺像，那如何分辨看到的是哪种江豚呢？很简单，看地点！长江江豚是目前已知世界上唯一一种能在淡水里生活的江豚，东亚江豚及其他江豚虽然名字里有“江”，但它们大部分时间是生活在海里的。

美丽的“绝命毒师”

水母在海洋中十分常见，早在六亿五千万年前，它们就存在了，出现得比恐龙还早。渤海中生活着许多种水母，它们美丽又危险，大多都有毒！

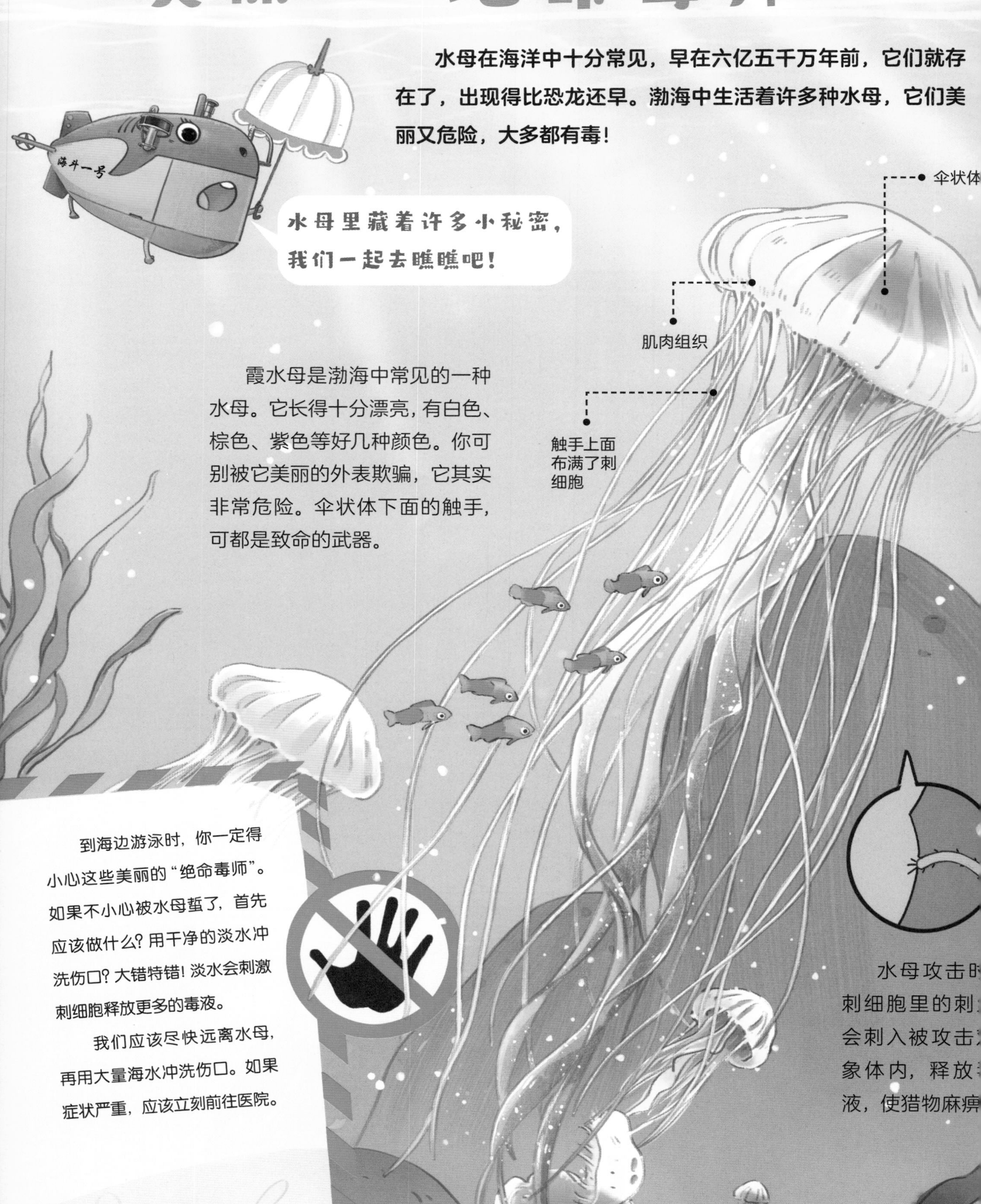

海斗一号
水母里藏着许多小秘密，我们一起去瞧瞧吧！
伞状体
肌肉组织
触手上面布满了刺细胞

霞水母是渤海中常见的一种水母。它长得十分漂亮，有白色、棕色、紫色等好几种颜色。你可别被它美丽的外表欺骗，它其实非常危险。伞状体下面的触手，可都是致命的武器。

到海边游泳时，你一定得小心这些美丽的“绝命毒师”。如果不小心被水母蜇了，首先应该做什么？用干净的淡水冲洗伤口？大错特错！淡水会刺激刺细胞释放更多的毒液。

我们应该尽快远离水母，再用大量海水冲洗伤口。如果症状严重，应该立刻前往医院。

水母攻击时
刺细胞里的刺
会刺入被攻击
象体内，释放
液，使猎物麻痹

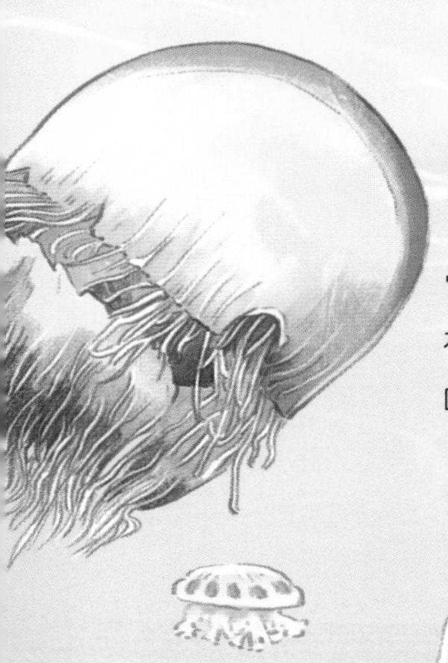

水母“巨无霸”——野村水母

它个头儿巨大，成年体直径超过 2 米，触手可达数米甚至十几米。它饭量巨大，每天能吃下相当于自身体重约十分之一的食物。而且它有剧毒，所捕获的海洋生物只要中了它的毒就活不久，如果其他生物吃了中了水母毒而死亡的生物，也会发生二次中毒。

美味的水母

赤月水母，这个名字你可能不熟，但你一定对它的另一个名字很熟悉——海蜇。赤月水母有毒，为什么却可以食用呢？原来水母的刺细胞只能使用一次，且赤月水母的毒性不强。在捕捞和搬运过程中，赤月水母受到刺激会将刺细胞里的毒液大量释放出来，再经过加工处理，赤月水母就彻底安全无毒了。不过，你可不要试图在海边随便捡新鲜的赤月水母拿回家吃，小心中毒！

水母的繁殖生长周期
①成熟的水母释放卵子或精子，结合为受精卵。
②受精卵发育成幼体。
③幼体附着在硬质物表面。
④幼体慢慢发育成螅状体。
⑤螅状体伸长，分裂成很多小水母。
⑥小水母发育达到性成熟。

乘风破浪去观鲸

想观鲸？在渤海海域，你或许只能看到虎鲸和小须鲸。全球 90 多种鲸类中，有近 40 种鲸类曾现身中国海！走！一起从渤海出发，去观鲸！

小须鲸

出现地点：渤海、黄海、东海、南海

小须鲸身形修长，呈流线型，现代航海设备在设计时也参考了它们的身形。小须鲸的胸鳍上侧还有其独有的白斑。

虎鲸

出现地点：渤海、黄海、南海

虎鲸有着圆圆的脑袋和高高的背鳍，它们的胸鳍呈卵圆形，背鳍后方有“S”形的标志性斑纹。虎鲸的眼睛后面有一块白斑，但每只虎鲸白斑的形状都是独一无二的，这是它们与生俱来的“身份证”。

座头鲸

出现地点：黄海、东海、南海

满头的瘤状突，修长的鳍肢，没错，它们就是座头鲸。座头鲸生性活泼、好奇心强，尤其喜欢跳跃拍水。座头鲸还会制造圆形“气泡网”，困住鱼虾群，然后一口吞下——这可是它们的独门捕猎秘技！

观鲸小贴士

当发现鲸后，应从侧面顺着其游动方向缓慢靠近，与其保持 100~300 米的安全距离，并将船速控制在 6 节以内，缓慢伴行，通过望远镜安静观察。

自身状态不佳、被海啸冲上岸、近岸捕猎失误、水下噪声干扰导航、海洋垃圾影响健康等都可能导致鲸类搁浅。

抹香鲸

出现地点：黄海、东海、南海

抹香鲸的脑袋超大，占身体三分之一，胸鳍和背鳍相对不那么突出。除了脑袋，它们身体布满褶皱。向左前方喷水柱是抹香鲸的独特标志！

鹅喙鲸

出现地点：东海、南海

鹅喙鲸身形壮硕浑圆，头部颜色较浅，显得它们的黑眼圈更明显了！看见它们身体上的白色划痕了吗？科学家认为这些痕迹很可能是雄性之间互相争斗时留下的齿痕。

布氏鲸

出现地点：黄海、东海、南海

布氏鲸有约 300 对须鲸板，用来过滤食物。从吻部开始，有 3 条突出的脊线一直延伸到头部后方。它们的背鳍高，呈镰刀状。

海鸟飞来渤海边

听到了吗？渤海的海面上传来了嘈杂的海鸟叫声。
它们说什么呢？走，一起去听一听！

为了撬开扇贝、蛤蜊的壳，我的嘴功不可没！

潮间带的泥沙里藏着什么好吃的，我一闻就知道啦。

蛎鹬

蛎鹬飞行能力强，也会在滨海沙滩踱步，搜寻食物。

又长又尖的羽毛，助我遨游天空。

长尾鸭

长尾鸭平时喜欢“泡”在海上，捕捕鱼、抓抓虾，偶尔下潜 100 多米抓只螃蟹吃。

这条长尾巴很特别吧？它最长能长到 13 厘米呢！

长嘴斑海雀

长嘴斑海雀栖息在海洋和沿海地区，主要以小鱼为食。

我可以直接从海面起飞，我厉害吧？

我的“鸟生”大多时间是在海上度过的，只有繁殖期才上岸。

我能用长有蹼的爪在岸上直立行走，跟企鹅差不多。

我正在寻找一片湖心岛，来组建自己的小家庭呢！
遗鸥
遗鸥属于濒危候鸟，喜欢自行结群生活，主要以昆虫为食。
我是目前最晚被人类发现的海鸥，差点儿就被遗忘了——所以我才叫遗鸥。
悄悄靠近猎物，突然伸长脖子发出致命一击！
我的嘴巴天生带钩，再灵活的猎物被我抓到也插翅难飞。
海鸬鹚
海鸬鹚栖息于海岸、河口地带，主要以鱼、虾为食。
黑色羽毛还能泛出紫色和绿色的光泽，很神奇吧？
嘴上长角，还能发光？长辈们说这是长大的标志，超酷的！
多亏脚上的蹼，让我成了游泳健将！
角嘴海雀
角嘴海雀擅长游泳和潜水，能潜入水下10米多，抓鱼“嘴”到擒来！
刚从水下捕的新鲜小鱼，要不要分你一条？
别看这对翅膀不大，潜水时能为我助力不少！

空中小霸王——虎头海雕

看，渤海上空盘旋着一只猛禽，让我们拿出望远镜看看——原来，它是有着“空中小霸王”之称的虎头海雕！

虎头海雕成长记

虎头海雕小时候也长得这么霸气吗？走，让我们去看看它的成长过程！

看，这是爸妈为我筑的巢！它们特意选了一棵高大的乔木，生怕我遭遇危险。

正在破壳的那个就是我！我马上就可以和你见面啦！

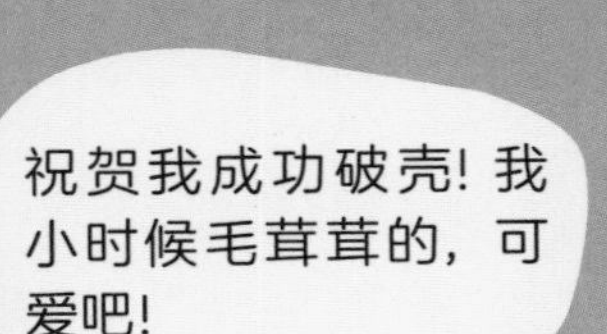

祝贺我成功破壳！我小时候毛茸茸的，可爱吧！

头部有花纹，就像老虎一样，因此得名。

带钩的大黄嘴能帮虎头海雕撕碎猎物，还能让它稳稳地叼住猎物。

当我褪去旧羽，长出这身羽毛时，意味着我成年了。现在的我战斗力超强，再也没有天敌啦！

虎头海雕是目前已知全世界平均体重最重的鹰，雄性每只重约 5 千克，雌性每只重约 8 千克。

虎头海雕吃什么

虎头海雕最爱吃鱼，但它若是饿极了，也不会挑食。右边这些动物可都在它的食谱上呢！

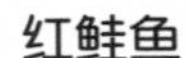

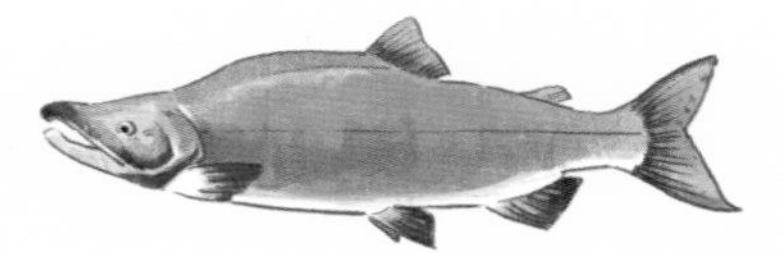

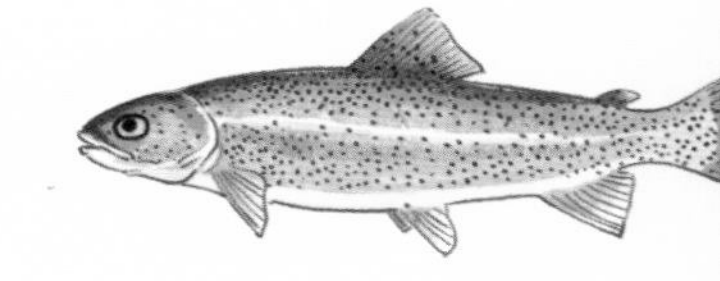

鸟类翅展
虎头海雕
203~241 厘米
海鸬鹚
60~100 厘米
蛎鹬
80~85 厘米
长嘴斑海雀
约 40 厘米
虎头海雕的体长为 86.5~105 厘米，就跟两三岁的人类幼崽的身高差不多。
爪下带有粗糙的突起，爪子也相当锋利。哪怕是身体滑溜溜的鱼，也难逃它的利爪！
虽然虎头海雕能称霸天空，但其种群数量稀少，属于易危物种。
海斗一号
年幼的海豹
野兔
大雁

白色冰原

在冬天，渤海会结冰。海冰从岸边向海中延伸到很远、很远……有时甚至望不到尽头。大海变成了白色冰原。结冰的大海如梦似幻，但也危机四伏……

在我国，海冰主要集中在渤海的三大海湾：辽东湾、渤海湾和莱州湾。辽东湾海域的海冰最多。

▲被冰层覆盖的渤海油田守

大海结冰和淡水结冰，温度是不一样的。海水含盐度很高，因此海水的冰点大约在 −2℃，比淡水结冰的温度更低。

即使海水温度达到 −2 ℃，由于表面海水的密度和下层海水的密度不一，造成海水对流强烈，也会大大降低海冰形成的可能。

海冰是极地和高纬度海域特有的海洋灾害，被称为“白色杀手”。它会困住船只，阻碍航行，引发事故，也会影响海洋渔业，甚至破坏海上建筑，对海洋资源开发十分不利。

可怕的“大冰害”！

1969 年，我国渤海发生“大冰害”。流冰推倒了由 15 根直径 0.85 米、打入海底 28 米深的锰钢圆筒柱桩支撑的“海二井”石油平台! 许多海岸工程被毁，海上贸易和石油开采也受到威胁。

渤海为什么易结冰?

渤海易结冰的主要原因有 3 个: ①不断“飘来”的冷空气，使气温持续走低；②西部有河流注入，海水盐度偏低；③海水较浅，水域较封闭，流动性差。

为了应对冰害，我国海军第一代破冰船——海冰 722 号诞生了。2015 年底，我国第二代破冰船开始服役，舷号继承了第一代破冰船，也叫海冰 722 号。

劈冰斩浪

如今，新一代的破冰船——雪龙号和雪龙 2 号，已经顺利接过“前辈”的接力棒，正在为开辟航道、抗击海冰努力。

雪龙号

雪龙号原产于乌克兰，我国购进后，经过改造才变成破冰科考船。2018 年前，它是我国唯一一艘破冰科考船。它能搭载直升机、自主水下载具，还能在极地科考时通过卫星将数据传回国内。

CHINARE
雪龍
XUE LONG
船体的结构很结实，外壳采用了厚实的钢板，在 -40℃的环境下也不会被冻变形！
船艉的对称螺旋桨能为破冰船提供动力，使其冲向冰面，撞碎冰层。
船艏前螺旋桨能将冰层下方的海水抽出，使冰层失去支撑，呈片状裂开。
采用“连续式”破冰法。当冰层不超过 1.5 米厚时，破冰船以每小时 3~5 海里的速度，利用螺旋桨和船头的力量，就能连续把冰层劈碎。

雪龙 2 号

升级版的雪龙 2 号，是我国第一艘自主建造的极地科考破冰船。它能实现双向破冰，而且拥有智能船体、智能机舱、智能实验室，是经过中国船级社认可的一艘“聪明”科考船!

船艏是外凸折线形的，这样的设计可减小阻力，利于船“爬”到冰面上，压碎冰层。

船艏、船腹和船艉都有巨大的储水舱，可以根据需要将储水舱灌满水，增加重量以撞碎冰层。

采用“冲撞式”破冰法。当冰层较厚时，破冰船会先“爬”上冰面，给船头的储水舱灌满水，直到把冰压碎。接着倒退一段距离，再铆足劲儿往前方的冰层撞去，如此就能破冰了。

破冰船与普通海船的区别

1. 外形不同。从侧面看，破冰船的纵向短，横向宽，船头呈勺形，利于压碎冰面，而其他海船的纵向长，横向窄，利于减少与海水摩擦，以增加航速。

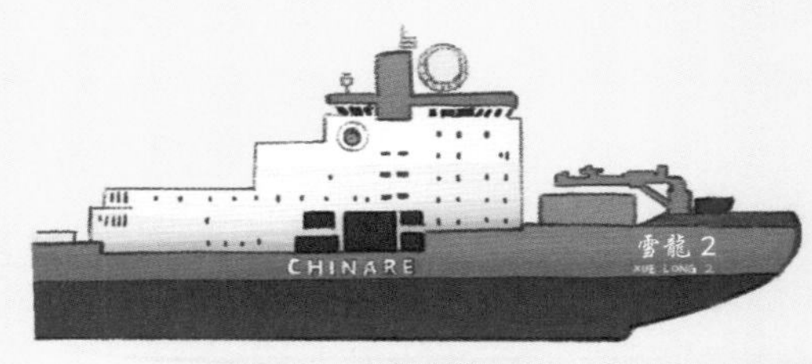

破冰船

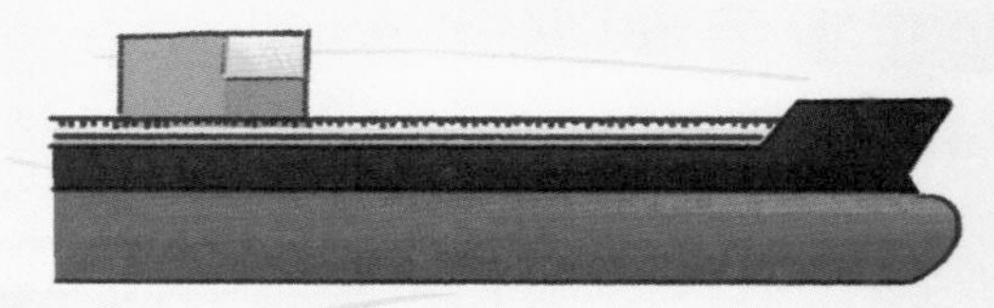

货轮

2. 动力不同。破冰船的动力远远大于普通海船，以应对坚硬的冰层，而普通海船对动力无硬性要求。

3. 造船材料不同。破冰船从头到脚都采用了结实的钢材，普通海船一般由钢材、木材等制成。

4. 操作难度不同。破冰船通常要在极地航行，要执行破冰任务，这可比普通海船难开多了!

破冰船有什么用途

当黄海和渤海海域发生海冰灾害时，破冰船就派上用场了。破冰船能保障舰船进出冰封港口、锚地，引导舰船在冰区航行。此外，破冰船还担负着南北极科考、物资补给运输等任务。

海底无人科学家

生于沈阳自动化研究所的海斗一号，也是渤海科研的一分子！在帮人类探索万米深海这件事上，海斗一号及无人潜水器家族，可是专业的。它们已经恭候多时，快跟着海斗一号去跟大家打个招呼吧！

无人潜水器也叫“水下机器人”，是探索深海资源的重要装备，包括遥控潜水器、自主潜水器和混合式潜水器。它们各具特点，能在不同的深海环境中发挥各自的优势。

海斗一号

海斗一号是全海深自主遥控潜水器，既能完成大范围的水下调查，也能进行局部区域的调查和水下轻作业。它曾在马里亚纳海沟下潜到 10 907 米，创下了世界纪录！怎么样，厉害吧？

5 个动力推进器能让它灵活躲避障碍物。

照明灯

海底“土特产”都装在这个采样篮里啦！

电动机械手捞了不少“土特产”——海底生物和沉积物。

海斗一号

海燕号

海燕号是水下滑翔机，也是自主潜水器，能连续 30 天在大范围海域测量海水温度、盐度、海流等，为海洋“体检”。它曾下潜到 10 619 米的深度，拿下了水下滑翔机潜深的世界纪录！

“尾巴”带有天线，能翘出海面，将采集的数据传给人造卫星。

仅用 1 秒钟，它就能在水下滑翔 1.5 米。

海燕

看我滑翔时灵巧的身姿，像不像一只飞翔的海燕？

▶ 大洋一号
大洋一号是无人潜水器家族的母船，载着它们从陆地往返海洋，并在它们下潜时提供支持。
看它的块头儿就知道，重型设备、重型取样工具等先进的调查设备，它都装得下！
海龙Ⅲ是无人缆控潜水器，要借助线缆，才能联络母船，所以当它下潜时，母船要在海面配合它。
母船上的研究人员通过远程操控，借机械手在深海中采取所需的样品。
“眼睛”里藏着声呐系统，能探测环境和障碍物。
鱼形的身材能让它在深海灵活地翻山越岭。
“尾巴”里有磁力探测仪，能探测金属硫化物。
潜龍Ⅲ
潜龙二号

海龙Ⅲ

海龙Ⅲ能在 6 000 米深的深海进行勘探和科学调查，最长连续工作时间能达 6 小时！

潜龙二号

潜龙二号就是人们口中的“黄胖鱼”，它可是无人潜水器家族的“高智商”代表哟！只要在下潜前，告诉它目的地并下达任务，它就会发挥聪明才智，克服各种困难，抵达目标海域，完成深海作业。

千年“海底捞”

对在渤海沉睡了几个世纪的三道岗元代沉船的发掘工作，是我国首次独立完成的大规模水下考古项目。从此，我国不同海域开始陆续出水各个年代的古代沉船！

海斗一号
海底有无数的沉船，藏着无数的宝藏！想不想让它们重见天日？快随我去海底捞一捞！
1. 对准沉船位置，放沉井。
沉井：钢铁做的“大箱子”，能罩住整艘沉船。
2. 潜到海
去穿“针”。
横梁
潜水员把横梁穿进下侧孔洞，给沉井“封口”，这样沉船就像被装进了箱子，可以完整运上海面。

沉船怎么捞？

想把完整的古代沉船和文物一起打捞上岸，我国科学家自有妙招儿！

沉船是船只沉没后的残骸。我国海域内已经发现了不少古代沉船，如南海一号、长江口二号、小白礁一号等，它们大多已沉没几百年，甚至近千年了。

南宋 青白瓷
南海一号沉船出水

南宋 绿釉瓷器
南海一号沉船出水

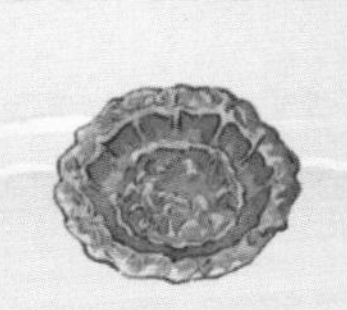

南宋 金器
南海一号沉船出水

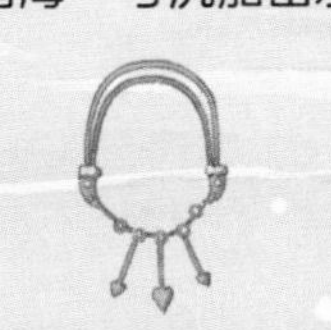

南宋 铜钱
南海一号沉船出水

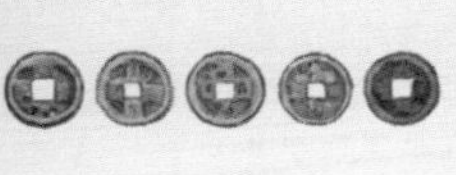

清代 紫砂器
长江口二号沉船出水

清代 五彩瓷器
小白礁一号沉船出水

海上起重机：能吊起 4 000 多吨的重物，吊起 20 多头蓝鲸不在话下！

3. 海上“大力士”登场，打捞船把沉井连同沉船一起吊上岸。

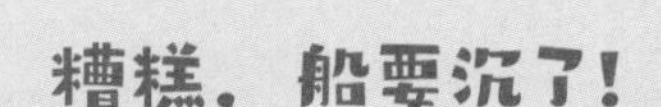

糟糕，船要沉了！

在海上乘风破浪的船，到底遇到什么才会沉入海底？

①遇到恶劣天气，如海龙卷、大洋旋涡、台风等。

②船员一不留神看错航海地图，就可能让船直接撞上岩石、礁石或冰山。

③海上也会发生交通事故！两船相撞，较小的船可能就要遭殃了。

④船上发生爆炸、船体出现大漏洞、船只严重超载等，都可能导致沉船。

海洋电力“公司”

在渤海潜上潜下这么久，或许你还不知道，海上有一所超大的电力“公司”——每年发电量超过 10 亿千瓦时，大概能满足 5 万个家庭一年的用电需求。海风、海浪、海洋温度、海洋盐度、海洋生物……它们都能将自身蕴藏的无穷能量转化为电能，造福人类。

海上刮来一阵风

陆地和海洋之间存在温度差，使得气压有高有低，于是刮起了风。这座白色大风车是海上风电机。当海风吹来时，风电机捕捉到风能，并把风能转化为电能。一群海上风电机组成了海上风电场。

▲ 海上风电机与著名建筑的高度对比

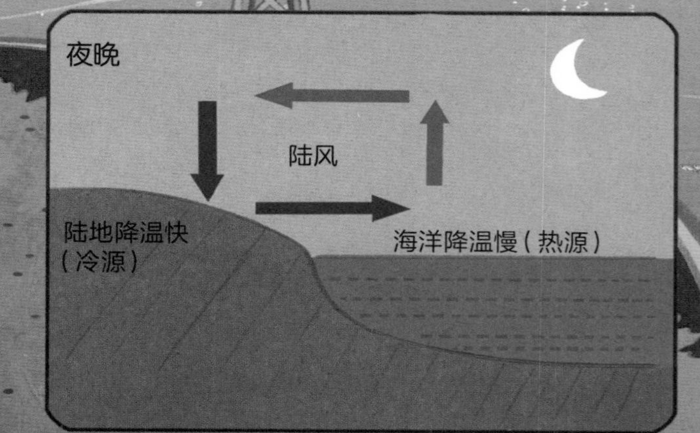

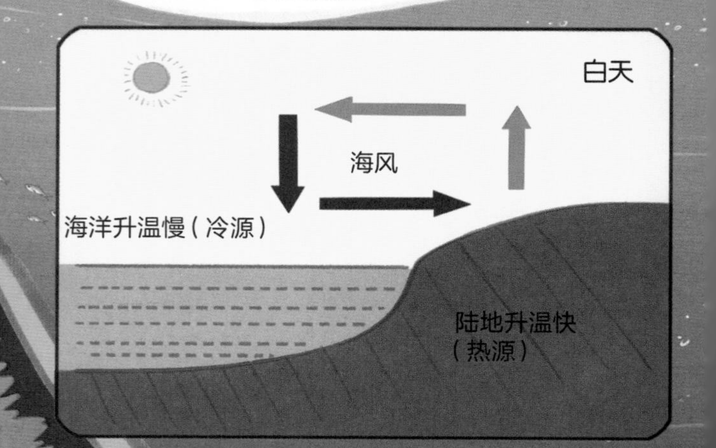

冷热交替放能量

当两种不同温度的海水相遇时，海水温度差会产生能量，这就是海水温差能。通过冷凝器或蒸发器的“加工”，海水温差能会转化成电能。

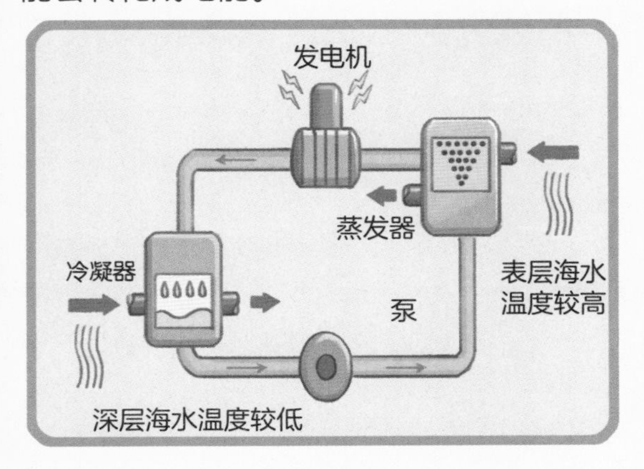

海水淡水同发电

在海水和淡水两种盐度不同的水混合时所产生的能量，叫作海水盐差能。海水盐差能可以通过转化为水的势能，带动水轮机运转，继而产生电能。

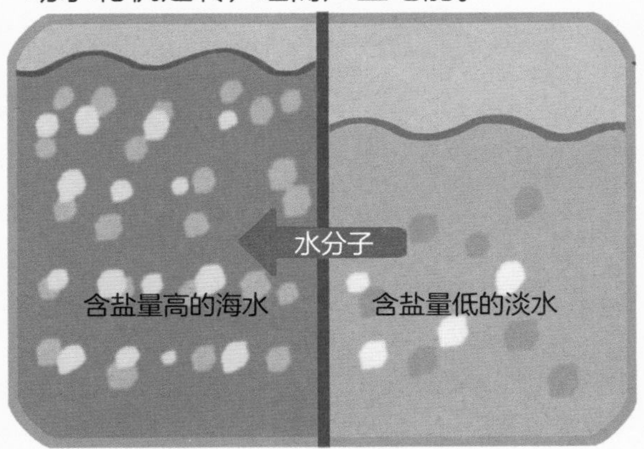

海浪汹涌能量高

海浪无时无刻不在运动着。海浪运动产生的动能和势能，通过波浪能电站的“加工”，就能变成电能。

生物电能别错过

通过光合作用，藻类不仅可以产生氧气和有机物，还可以在代谢过程中产生电。在这一过程中产生的电能，正吸引着越来越多科学家的目光。

海浪的力量，岸知道

有人说，海浪如慈母般，用温柔的手掌抚摸着岸边的沙滩。什么？这话可别让岸边的岩石听见，不然它们第一个站出来反对！

海浪滚滚，化石成沙

人们把海浪侵蚀岸边岩石或沙滩的现象，叫作海岸侵蚀现象。海浪每天往返无数次海岸，凶猛地撞击悬崖底部的岩石，日积月累，岩石松动了，顶部的岩石失去支撑，纷纷落入海中。

掉进海里的岩石被海浪卷得翻来覆去，相互摩擦，年深日久就被磨成了沙子。随着涨潮和落潮，沙子被带到海边，时间久了就出现了一片金色沙滩！

岩石

鹅卵石

砾石（沙子和石头组成）

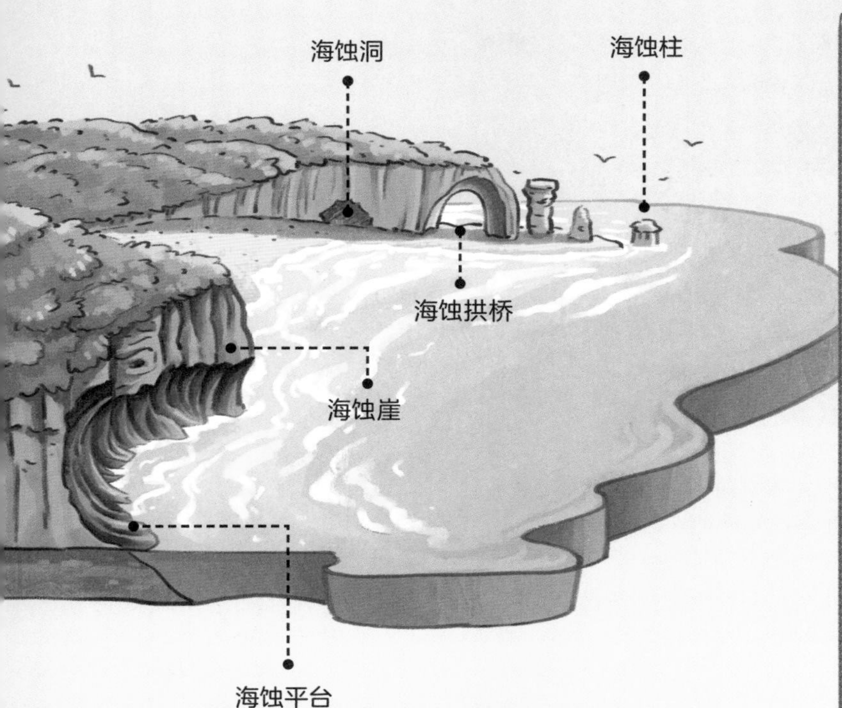

海蚀平台

海蚀崖下方的平台，有的还形成了缓坡。

海浪“啃”出奇特地貌

汹涌的海浪每天一次次地“啃咬”岸边的岩石，日积月累，岩石海岸竟被“啃”出了千奇百怪的海蚀地貌！

沙子

海蚀洞

被海水“啃”出的洞穴。

海蚀崖

有些海蚀洞的顶部岩石被海水“啃”塌，最终形成了陡峭的悬崖。

海蚀拱桥

在海蚀洞背后的岩石被海水“啃”穿后，一座拱桥就出现了。

海蚀柱

原本是海蚀拱桥，但桥的顶部被海水冲垮，就只剩下柱子啦！

海洋污染大调查

海上漂着塑料袋，鱼儿们被渔网缠绕，甚至还有工业废水随意往海里排放……渤海面临的海洋污染问题，也是大部分海域无法回避的问题。

了解，才会避免，让我们一起揪出这些伤害海洋的“杀手”，还世界一片美丽洁净健康的海洋。

浒苔

每到夏天，黄渤海沿岸的居民就能看到“海上草原”——浒苔。浒苔是一种藻类，本身无毒，但大量繁殖会铺满海面，散发难闻的气味。浒苔会阻挡海中生物“呼吸”和“晒太阳”，还会堵塞航道，影响船只航行。

工业废水

看，工业废水进入大海，把蓝色海洋染成了“大花脸”。虽然渤海是我国四大海中最小的，但它每年承受的污染排放最多。如果工业和农业废水以及生活污水处理不当就排进海中，很可能造成藻类疯狂繁殖！

海水酸化

人类活动产生的二氧化碳，有大约三分之一被海水吸收，导致海水变酸。蛤蜊、贻贝、海胆等带壳动物，因为海水酸化而无法生长出坚实的外壳，很容易被压碎或吃掉。

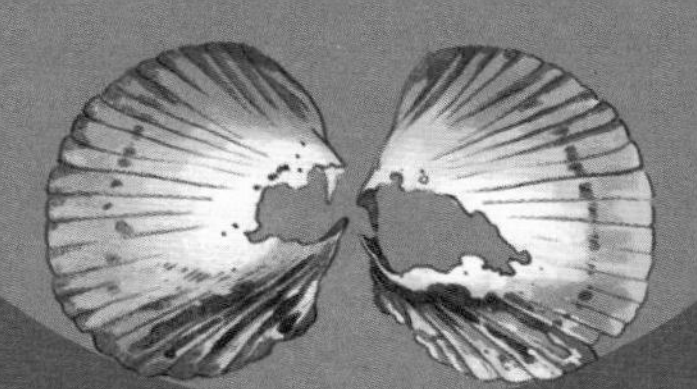

赤潮

工业废水富含营养盐，令赤潮藻疯狂生长，把海水染红！有毒的赤潮令大量海洋生物死亡。

塑料垃圾

如果海洋垃圾有排行榜，塑料制品一定稳居榜首！在海浪和阳光的作用下，塑料制品正被分解成越来越小的颗粒，通过食物链传递给人类，真可怕！

石油泄漏

人们在海上进行石油开采、运输、装卸等工作时，一不小心就会泄漏石油，让海面蒙上一层油膜。油膜盖住了海面，海中生物要喘不过气了！糟糕！石油沾染了海鸟的羽毛，这可让它怎么飞翔？

保护渤海

虽然我们普通人的力量有限，但仍可以从身边的小事做起，避免使用塑料吸管、塑料袋等塑料制品，减少海洋污染！

废弃渔具

废弃渔网是许多大型海洋动物的“噩梦”，海龟、海豹，就连鲨鱼也难逃这种致命陷阱！

想一想

你还记得下面这些鲸分别叫什么吗？快把名字前面的序号填到对应的鲸旁边。

1. 虎鲸　2. 座头鲸　3. 鹅喙鲸

4. 小须鲸　5. 抹香鲸　6. 布氏鲸

（　　）

（　　）

（　　）

（　　）

（　　）

（　　）